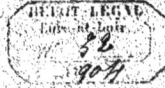

CRÉDIT MUTUEL

AGRICOLE

CAISSES DE CHARTRES

(FRANCE)

MONOGRAPHIES

CHARTRES

IMPRIMERIE DURAND

1908

CRÉDIT MUTUEL

AGRICOLE

CAISSES DE CHARTRES

(FRANCE)

MONOGRAPHIES

CHARTRES

IMPRIMERIE DURAND

—

1903

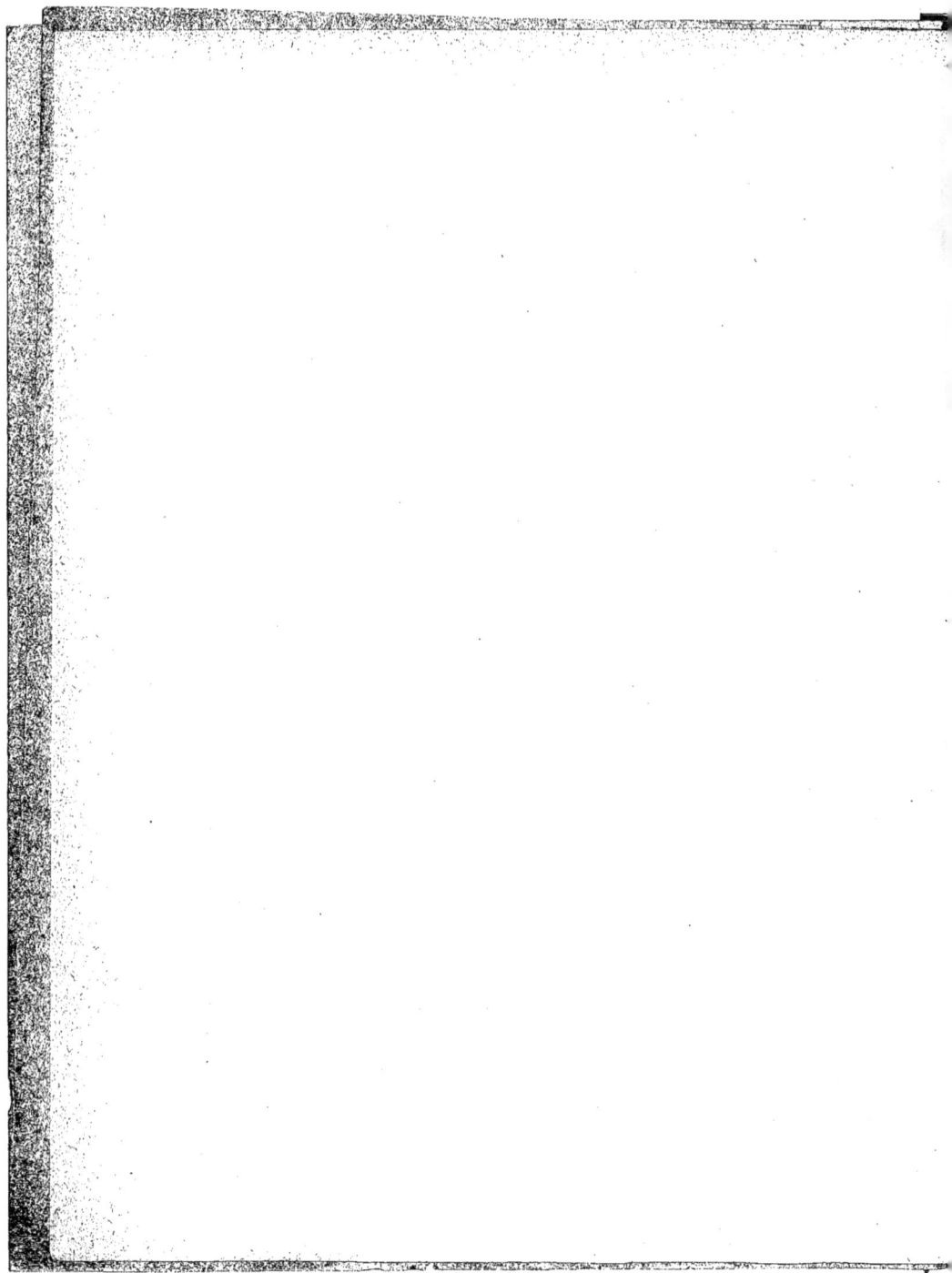

I

SOCIÉTÉ

DE

CRÉDIT MUTUEL AGRICOLE

DE CHARTRES

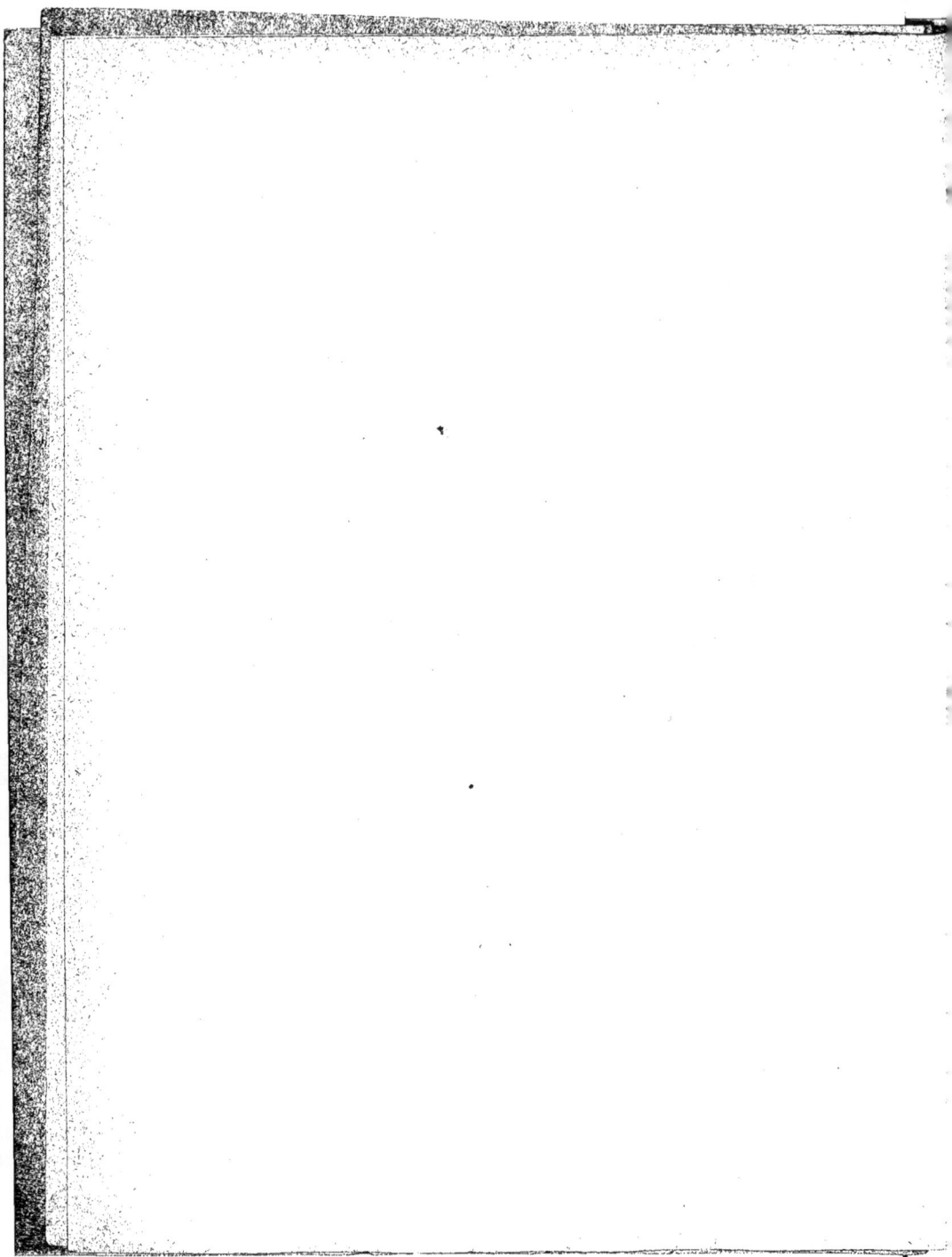

BUREAU D'ADMINISTRATION

Président :	M. Égasse, ✻, O. ⚜, agriculteur à Archevilliers, près Chartres.
Vice-Président :	M. Masson, O. ⚜, agriculteur à Bessay, commune de Villeau.
Secrétaire :	M. Guérin, Émile, maire de Challet.
	MM. Vinet, sénateur, à Garancières-en-Beauce, et à Paris, 12, rue Lamennais.
	Benoist, Ovide, ✻, agriculteur à Gas.
Membres :	Pipereau, propriétaire, 11, rue Ferdinand-Dugué, à Chartres.
	Royneau, ⚜, propriétaire, 30, rue d'Amilly, à Chartres.
	Benoist, Orphée, agriculteur à Theuvy-Achères.
	Prévosteau, Eugène, agriculteur à Mignières.
Censeurs :	MM. Moulin, Jules, propriétaire à Illiers.
	Brosseron, ⚜, propriétaire, 45, rue Muret, à Chartres.
Directeur :	M. Mercier, ⚜, 4, place Saint-Michel, à Chartres.

C'est au mois de mai 1895 que le Bureau du Syndicat agricole de Chartres, toujours soucieux de rendre service à l'agriculture, décida de créer à Chartres une Société de Crédit mutuel agricole conformément à la loi du 5 novembre 1894.

Il ne se dissimulait pas les difficultés qu'il aurait à rencontrer et les obstacles qu'il aurait à vaincre ; il savait par expérience que le cultivateur beauceron est routinier au plus haut point, défiant à l'excès (ce qui ne l'empêche pas pourtant de se faire largement exploiter) et qu'il ne se lance pas facilement dans une affaire, si petite qu'elle soit, surtout quand il lui faut, au préalable, délier les cordons de sa bourse. Il aime bien que les autres le précèdent, et, quand il a constaté que l'affaire marche, qu'il n'y a plus d'aléa, mais seulement des avantages à recueillir et que ses intérêts ne seront plus compromis, oh ! alors, mais alors seulement, il avance, mais toujours timidement, toujours en défiance, et après s'être entouré de toutes les garanties possibles.

Pour de la bravoure, du désintéressement et de la philanthropie, il faut franchement avouer que ce n'en est pas, mais enfin le cultivateur est ainsi fait, et il faut le prendre tel qu'il est, et sans espoir de le modifier, de l'amender et de l'améliorer sensiblement avant longtemps.

Le Bureau du Syndicat se mit de suite à l'ouvrage ; il élabora des statuts, se constitua en Bureau d'administration provisoire et il chargea M. Égasse, agriculteur à Archevilliers et Vice-Président du Syndicat agricole de faire le nécessaire pour provoquer des adhésions et recueillir des souscriptions.

M. Égasse se mit à l'œuvre, et sous la date du 15 juin 1895, il adressa aux 2 635 membres du Syndicat agricole de Chartres, une circulaire leur expliquant le but de la nouvelle association, les profits qu'ils en pourraient retirer moyennant la souscription et le versement au Fonds social, d'une part de 20 francs au minimum. Cette circulaire était accompagnée d'un exemplaire des statuts.

Il avait pris soin de leur expliquer (car il fallait tout prévoir) que cette modique somme de 20 francs ne constituait pas une somme « donnée », mais bien une somme « placée » au Fonds social et rapportant un intérêt de 2 et demi pour 100 l'an (Voir cette circulaire n° 1 ci-après, page 19).

Cette circulaire, très explicite et très engageante, ne produisit pas grand effet : la plupart des syndiqués ne la lurent point, pas plus que les statuts, ou n'y comprirent rien, en sorte qu'au 30 octobre suivant, 385 Parts seulement avaient été souscrites par 79 adhérents.

Sur ce nombre, 250 Parts, soit les cinq huitièmes environ, avaient été souscrites par les membres mêmes du Bureau du Syndicat, de sorte que le reste, soit 135 Parts, avait été pris par un petit nombre d'associés, marchant de l'avant (toujours les mêmes), et comprenant tous les services qu'on pouvait attendre de cette nouvelle institution.

C'était un échec, il n'y avait pas à se le dissimuler, et il y avait bien de quoi décourager et rebuter même les plus hardis, les plus entreprenants et les plus convaincus.

Pourtant le Bureau ne se tint pas pour battu. Puisque les souscripteurs ne voulaient pas venir, il fut décidé qu'on irait à eux et une nouvelle circulaire fut lancée le 25 novembre 1895 (Voir n° 2 ci-après, page 21).

Le 1er janvier 1896, 2 739 quittances de 10 francs furent remises à la poste (le nombre des syndiqués n'était plus de 2 635 comme en juin, mais bien de 2 870) ; sur ce nombre, 2 449, soit 82 pour 100 revinrent avec la mention « refusée ».

290 seulement payèrent le reçu qui leur fut présenté, et encore, sur ce nombre, 17 demandèrent-ils par lettre plus ou moins polie — plutôt moins que plus — le remboursement de leurs 10 francs, prétextant que leur dame avait payé en leur absence, et quelques mois plus tard, 25 refusèrent d'acquitter les 10 francs faisant l'objet d'une seconde quittance pour solde de leur part.

Il est vrai que le service des postes avait été fait pour la présentation de ces quittances d'une façon absolument déplorable. Certains facteurs ruraux qui avaient une vingtaine de quittances à percevoir dans leur tournée, se voyant refuser les premières avec une unanimité déconcertante, ne présentèrent plus les autres ; bien plus, certains même engagèrent les intéressés à ne pas payer.

La constitution de l'Association fut décidée quand même pour le 21 mars ; il fallait faire preuve d'existence et marcher malgré cette seconde défaite ; dans cette réunion générale, les statuts furent approuvés, la constitution votée et le Bureau d'administration nommé.

A cette date, 785 parts avaient été souscrites sur les 2 500 que nous espérions et par 407 adhérents seulement, et il avait été versé tant en premier qu'en second versement, une somme de 8 800 francs, grevée, il est vrai, de frais assez considérables de premier établissement, et notamment de frais de poste, d'impression de statuts, circulaires, etc.

Le Syndicat agricole de Chartres avait, de son côté, souscrit une somme de 20000 francs représentée par 1000 parts, en sorte qu'au jour de la constitution de la Société (21 mars 1896), la Société de Crédit mutuel pouvait disposer d'une somme de 28 800 francs.

Cette somme, augmentée des seconds versements de Parts qui rentraient peu à peu, atteignait fin décembre 1896, 35 980 francs ; 35 032 francs furent consacrés à l'achat de 1 032 francs de rente 3 o/o.

La nouvelle Association, en effet, ne pouvait songer à faire ses affaires avec le capital des Parts sociales, capital absolument insuffisant ; aussi son Bureau s'entendit-il avec M. le Directeur de la Société Générale à Chartres qui consentit à la Société un crédit de 65 000 francs sous condition du dépôt dans ses Caisses des titres représentant les 1 032 francs de rente ci-dessus. Ce crédit fut porté plus tard à 100000 et même à 150000 francs.

Moyennant cette garantie, la Société Générale devait fournir à l'Association, au taux de la Banque de France, tous les fonds qui lui seraient nécessaires en même temps que la troisième signature réglementaire pour que ses effets soient admis à l'escompte.

Le Fonds social a augmenté chaque année, par suite de la souscription de nouvelles Parts ;

Fin décembre 1897, il était de. . .	38 100 francs.
—	1898,	—	40 410 —
—	1899,	—	43 010 —
—	1900,	—	45 470 —
—	1901,	—	48 530 —
—	1902,	—	52 560 —
Au 30 novembre 1903,	—	55 620 —

Le nombre des Mutualistes a suivi environ la même proportion que le capital social ;

Au 31 décembre 1896, il était de.	414
—	1897,	—	471
—	1898,	—	499
—	1899,	—	530
—	1900,	—	583
—	1901,	—	646
—	1902,	—	702
Au 30 novembre 1903,	—	747

2

Voici la marche adoptée pour le fonctionnement de l'Association.

Le Conseil d'administration se réunit deux fois par mois, les 1ᵉʳ et 3ᵉ samedis, pour statuer sur les demandes d'emprunt qui sont reçues dans chaque quinzaine, et qui toutes doivent avoir pour objet une opération se rapportant à l'industrie agricole.

Ces demandes doivent être faites au moins cinq jours avant la réunion du Conseil pour qu'elles puissent avoir une solution dans cette réunion, et sur l'imprimé spécial qui est remis au siège de la Société (Voir modèle ci-après nᵒ 3, page 23).

Durant ces cinq jours, si le demandeur n'est pas connu du Conseil d'administration, il est adressé deux questionnaires confidentiels à deux habitants honorables de sa commune, généralement au maire, à l'instituteur ou à toute autre personne notable (Voir nᵒ 4 ci-après, page 25).

Ceux-ci consignent leur réponse sur un imprimé joint à leur lettre (Voir nᵒ 5 ci-après, page 27) *et qu'ils ne signent pas* ; cet imprimé porte un numéro qui est le même que celui de la lettre d'envoi ; or, celle-ci étant passée au copie de lettres, il suffit de s'y reporter, de consulter son numéro et de le rapprocher de celui de l'imprimé pour connaître le nom de la personne qui a fourni le renseignement.

Les gens de la campagne sont généralement très défiants, et ils ne « *s'ouvrent* » pas facilement au premier venu, et surtout à un inconnu : or, en opérant comme dit ci-dessus, ils sont assurés de la plus grande discrétion et ils donnent sur l'intéressé des renseignements très sincères et très exacts, persuadés qu'on n'en saura rien dans leur entourage, et que le voisin ne pourra pas leur faire aucun reproche si leur demande n'est pas agréée.

Or, quelle que soit la fortune du demandeur, s'il est reconnu pour un homme honnête, rangé et travailleur, et si la somme qu'il demande n'est pas en disproportion avec l'étendue de son exploitation, il est toujours fait droit à sa demande. S'il ne remplit pas ces conditions, il doit donner caution, et cette caution n'est elle-même agréée que si elle est fournie par la signature d'un homme d'une solvabilité de tout repos.

Cette manière de procéder a, jusqu'à ce jour, parfaitement réussi, et le Bureau d'administration n'a jamais été importuné par des solliciteurs insolvables ou indignes de tout crédit.

Ce crédit est toujours en rapport avec l'importance de chaque souscription de Parts au Fonds social ; il est dit précédemment que la somme demandée doit être proportionnée à l'étendue de la culture du demandeur ; nous ajouterons qu'une part de 20 francs souscrite au Fonds social correspond à un emprunt de 500 francs au maximum ; deux parts ou 40 francs, à 1 000 francs, etc.

Les emprunts sont faits généralement pour 3, 6 ou 9 mois, très rarement pour un an ; la moyenne — la grande moyenne même — est de 6 mois, et les effets sont de la durée demandée, bien que toute valeur de plus de 90 jours ne soit pas « bancable » ; il n'y a aucun inconvénient à agir de la sorte, la Caisse régionale de la Beauce et du Perche à laquelle ces titres sont présentés pour l'escompte, les « nourrissant », c'est-à-dire les conservant en portefeuille jusqu'à leur échéance, et ce, afin d'éviter toute indiscrétion,

On évite aussi par là le déplacement répété des intéressés qui quelquefois habitent à d'assez grandes distances, et les frais en sont de la sorte aussi réduits que possible.

De là dépend le succès des Sociétés de Crédit mutuel agricole ainsi que l'importance, la multiplicité et la diffusion de leurs opérations.

Les opérations de la Société de Crédit mutuel agricole de Chartres se divisent en deux parties bien distinctes :

1° Les « *Prêts espèces* », qui comprennent les achats de bestiaux, d'instruments et des machines, etc., toutes opérations en un mot qui exigent de l'argent en poche pour acheter sur une foire ou sur un marché, et ce, afin d'obtenir des conditions bien plus favorables en payant comptant ;

2° Les « *Prêts marchandises* » qui s'appliquent surtout au paiement des engrais, semences, tourteaux, etc., des substances enfin fournies et livrées par les adjudicataires du Syndicat agricole.

Là, l'emprunteur ne touche pas la valeur de son emprunt ; il signe un effet à cinq mois représentant la valeur de son achat augmentée des intérêts pendant ces cinq mois ; le fournisseur fait présenter au bout des 30 jours acceptés comme valeur au comptant, à la Caisse du Crédit mutuel, la traite représentant le montant de la vente diminuée de l'escompte du comptant, et au bout de 6 mois, l'intéressé s'acquitte aux guichets de la Banque agricole, et bénéficie encore, sans changer en rien ses habitudes de paiement à 6 mois, de la différence entre l'escompte fait par le fournisseur pour paiement au comptant et l'intérêt demandé par la Société de Crédit pour l'avance de ses fonds pendant 5 mois, soit 3 o/o.

L'envoi de l'effet à l'intéressé pour signature, est accompagné d'une lettre lui expliquant l'opération (Voir n° 6, page 29).

Jusqu'à février 1900, époque de l'ouverture des guichets de la Caisse régionale de la Beauce et du Perche, l'Association a escompté ses valeurs à la succursale de la Société Générale à Chartres ; les intérêts à servir par les intéressés pour les opérations ci-dessus, ont sensiblement varié, les raisons des fluctuations du taux de l'escompte de la Banque de France, ces fluctuations ayant leur répercussion sur les grandes Sociétés de crédit.

Ils ont été pour les Prêts espèces de :

3 o/o par an, du 11 juillet 1896 au 27 mars 1897 ;
>(L'escompte de la Banque de France était alors à 2 o/o.)
4 o/o par an, du 28 mars 1897 au 27 octobre 1898 ;
5 o/o — du 28 octobre 1898 au 30 décembre 1899 ;
6 o/o — du 1ᵉʳ janvier 1900 au 11 janvier 1900 ;
5 1/2 o/o — du 12 janvier 1900 au 25 janvier 1900 ;
5 o/o — du 26 janvier 1900 au 29 mars 1902 ;
4 o/o — du 30 mars 1902 à ce jour.

et pour le Prêts marchandises de :

3 o/o par an, du 11 juillet 1896 au 24 novembre 1898 ;
4 o/o — du 25 novembre 1898 au 2 août 1901 ;
3 o/o — du 3 août 1901 à ce jour.

L'établissement des Caisses régionales a eu pour effet d'éviter ces variations aussi brusques qu'inattendues dans le taux de l'escompte, et dont le moindre inconvénient est de porter une atteinte grave au développement et à la prospérité des Sociétés de Crédit mutuel, et de créer un trouble profond dans leur fonctionnement.

Le Crédit mutuel agricole de Chartres a commencé ses opérations en 1896 et son premier prêt est du 11 juillet.

Au 31 décembre, sa comptabilité constatait qu'il avait fait pendant ces 6 mois, 24 Prêts espèces s'élevant à 20 850 francs, et 45 Prêts marchandises atteignant la somme de 27 000 fr. 55 ; soit au total 47 850 fr. 55 intéressant 69 adhérents.

Par suite des frais de premier établissement, la Société, au 31 décembre, se trouvait en déficit de 1 343 fr. 95.

Voici, du reste, son Bilan à cette date :

ACTIF :

Caisse.	6 717 fr.	55
Prêts..	37 974	95
Rentes de la Société.	27 039	95
Société Générale.	2 807	75
Profits et Pertes.	1 343	95
	75 884 fr.	15

PASSIF :

Capital.	35 980 fr.	»
Effets..	37 974	95
Dépôts en comptes courants..	1 929	20
	75 884 fr.	15

En 1897, les opérations se sont accrues d'une manière sensible, puisque le montant total des Prêts s'est élevé à 152 785 fr. 26 se décomposant ainsi :

Prêts espèces.	68 392 fr.	35
Prêts marchandises.	84 392	91
	152 785 fr.	26

Ces avances se rapportent à 72 prêts de la première catégorie et 201 prêts de la seconde, soit au total 273.

Voici le Bilan de la Société au 31 décembre 1897 :

ACTIF :

Caisse.	68 fr.	99
Prêts..	93 004	08
Rentes de la Société.	35 032	30
Société Générale.	1 245	24
Profits et Pertes.	1 753	47
	131 104 fr.	08

PASSIF :

Capital.	38 100 fr.	»
Effets..	93 004	08
	131 104 fr.	08

Pendant la 3ᵉ année, la prospérité de la Société s'accentue, et si nous avons constaté un chiffre d'affaires de 152 785 fr. 26 en 1897, ce chiffre atteint 261 576 fr. 95 en 1898, soit une augmentation de 108 791 fr. 69 et ce pour 392 opérations contre 273 en 1897. Ces opérations sont ainsi classées :

Prêts espèces.	144 939 fr.	75
Prêts marchandises.	116 637	20
	261 576 fr.	95

L'ère des déficits est close, et au 31 décembre la situation accuse un bénéfice de 954 fr. 32.

Voici le Bilan de cet exercice :

ACTIF :

Caisse.	352 fr. 42
Prêts..	123 368 15
Rentes de la Société.	35 032 30
Société Générale.	5 979 60
	164 732 fr. 47

PASSIF :

Capital.	40 410 fr. »
Effets..	123 368 15
Profits et Pertes.	954 32
	164 732 fr. 47

L'année 1899 présente encore une augmentation sur 1898 et le chiffre des avances atteint la somme de 287 495 fr. 45 intéressant 386 sociétaires et se décomposant ainsi :

Prêts espèces.	163 512 fr. 55
Prêts marchandises.	123 982 90
	287 495 fr. 45

Voici son bilan au 31 décembre :

ACTIF :

Caisse.	1 849 fr. 63
Prêts..	147 631 50
Rentes de la Société.	35 032 30
Société Générale.	8 810 55
	193 323 fr. 98

Passif :

Capital.	43 010 fr.	»
Effets.	147 631	50
Profits et Pertes.	2 682	48
	193 323	98

En 1900, les affaires s'accroissent encore ; elles atteignent 326 985 fr. 90 ayant intéressé 445 adhérents, soit en :

Prêts espèces.	220 457 fr.	95
Prêts marchandises.	106 527	95
	326 985 fr.	90

Voici le bilan au 31 décembre de cette année.

Actif :

Caisse.	2 096 fr.	36
Prêts.	158 169	75
Société Générale.	2 816	35
Caisse régionale.	45 790	20
	208 872 fr.	66

Passif :

Capital.	45 150 fr.	»
Effets.	158 169	75
Profits et Pertes.	5 552	91
	208 872 fr.	66

L'année 1901 accuse une activité considérable ; les affaires dépassent 500 000 francs — exactement 505 432 fr. 58 — pour 620 intéressés, et se décomposent ainsi :

Prêts espèces.	389 886 fr.	70
Prêts marchandises.	115 545	88
	505 432 fr.	58

Bilan au 31 décembre.

Actif :

Caisse.	3 014 fr. 92
Prêts. .	243 874 »
Société Générale.	2 806 35
Caisse régionale.	48 392 70
	298 087 fr. 97

Passif :

Capital.	48 530 fr. »
Effets. .	243 874 »
Profits et Pertes.	5 683 97
	298 087 fr. 97

Les affaires en 1902 ne se ralentissent pas : elles atteignent 549 008 fr. 70 et le nombre des prêts est de 670 pour :

Prêts espèces.	419 356 fr. 10
Prêts marchandises.	129 652 60
	549 008 fr. 70

Le bilan de cet exercice s'établit ainsi :

Actif :

Caisse.	3 794 fr. 17
Prêts. .	261 749 94
Société Générale.	2 806 45
Caisse régionale.	59 209 35
	327 559 fr. 91

Passif :

Capital.	52 560 fr. »
Effets. .	261 749 94
Profits et Pertes.	13 249 97
	327 559 fr. 91

Enfin en ce qui concerne 1903, ses prêts dépassent 800 000 francs au 30 novembre pour 681 opérations.

Des chiffres qui précèdent, il résulte que du 11 juillet 1896, date de sa première opération, au 30 novembre 1903, le Crédit mutuel agricole de Chartres a prêté à 3 536 sociétaires la somme de 2 931 135 fr. 79 et ce, avec un capital d'environ 50 000 francs.

Les prêts étant consentis pour 6 mois en moyenne, il en résulte que si nous n'avions faits que des effets *bancables,* c'est-à-dire d'une durée de 90 jours au maximum, nous aurions, en tenant compte des renouvellements, doublé le chiffre de nos affaires, et atteint près de 6 millions.

Des tableaux complètent ces données, et indiquent, d'une manière saisissante la marche et la progression de la Société.

Telle est l'organisation du Crédit mutuel agricole de Chartres, et tels sont ses opérations et ses résultats.

Cette Association est une véritable société de famille, sa prospérité est patente et son avenir certain, grâce à son Conseil d'administration qui a la foi, qui agit, et dont tous les membres paient de leur personne et de leur bourse.

Toutes ses opérations ont été faites avec la plus grande régularité et les rentrées aux époques convenues prouvent que si tous les emprunteurs ne sont pas riches, tous sont sérieux et honnêtes.

A l'heure actuelle, et après une expérience de près de huit années, la Société de Crédit mutuel agricole de Chartres peut se flatter d'avoir déjà rendu des services considérables : nul doute que dans l'avenir elle les accroîtra encore dans la mesure de ses forces et de ses moyens.

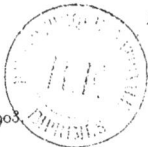

Le Président de l'Association,

Сн. Égasse.

Chartres, le 10 décembre 1903.

ICAT AGRICOLE
DU
CHARTRES

Chartres, le 15 juin 1895.

N° 1   MONSIEUR ET CHER COLLÈGUE,

Vous savez qu'une loi récente, promulguée le 5 novembre 1894, autorise les Syndicats agricoles à constituer des Sociétés de crédit. Le Conseil d'administration de notre Syndicat, qui ne veut rien négliger de tout ce qui est tenté pour aider l'Agriculture dans la longue crise qu'elle traverse, a décidé, après une étude approfondie de la question, de profiter de la nouvelle loi et de créer à Chartres une Société de Crédit mutuel agricole.

Notre Syndicat a rendu certainement déjà de grands services aux cultivateurs, en leur permettant d'acheter à crédit des engrais sérieusement contrôlés ; mais ce crédit, fait jusqu'à présent par nos fournisseurs, est payé assez cher par le cultivateur. Avec l'aide de la Société de Crédit agricole, le Syndicat pourrait acheter une grande partie de ses engrais au comptant, et le crédit, au lieu d'être fait par le fournisseur, sera fait par la Société nouvelle, à un taux bien inférieur dont nous pourrions tous profiter.

Mais le crédit peut s'étendre, suivant l'esprit de la loi, et c'est là son véritable but, à toutes les opérations agricoles, achats de bestiaux, d'instruments, de semences, etc. Il s'agit d'aider le cultivateur travailleur et honnête à tirer le meilleur parti de son travail et de son intelligence dans certaines opérations pour lesquelles il ne manque que des capitaux. Dans la lutte inégale qu'est obligé de soutenir le cultivateur français contre le producteur étranger, il ne doit manquer aucune occasion de bénéfice, s'il ne veut pas succomber.

Quelques exemples feront mieux saisir notre pensée :

Ici, c'est un cultivateur qui a récolté une grande quantité de pailles, de fourrages, de racines, de grains même dont il ne trouve à se défaire qu'à vil prix. S'il avait des capitaux disponibles, il achèterait une certaine quantité de bestiaux, soit pour l'élevage, soit pour l'engraissement. Au bout de trois, six, neuf mois, un an même, la plus-value de ce bétail lui paierait souvent plus que le prix qu'il aurait vendu sa nourriture, et il lui resterait encore le fumier pour augmenter d'autant les récoltes suivantes. S'il est reconnu comme un homme sérieux et travailleur, la Société lui fournira les fonds qui lui manquent.

Là, c'est un cultivateur auprès duquel s'est installé une industrie, une féculerie, par exemple. Il trouve à passer avec l'industriel un marché avantageux. Il pourrait faire un, cinq, dix, vingt hectares de pommes de terre suivant l'importance de sa culture ; mais, pour planter dans de bonnes conditions, pour réussir, il faut, en plus des engrais complémentaires indispensables, du plan bien choisi qui coûtera 250 et jusqu'à 300 francs par hectare. La dépense est énorme pour celui qui débute. C'est alors que la Société pourra lui fournir les fonds nécessaires. Au bout de six mois il aura sa récolte pour rembourser sa dette. Si l'opération a été bien faite, il lui restera encore quelques bénéfices, et il conservera la quantité de plant qu'il lui faudra pour l'année suivante. La Société de crédit lui aura facilité ce passage si coûteux de la culture ordinaire à la culture industrielle, sans bourse délier pour ainsi dire.

Nous citons ces deux cas, parce qu'ils se sont présentés très récemment autour de nous, mais on pourrait ainsi multiplier les exemples à l'infini.

Voilà donc le but de la Société de Crédit mutuel agricole.

Il s'agit maintenant de former cette Société et de lui trouver un capital suffisant pour remplir le but qu'elle se propose. La combinaison que nous avons adoptée est la suivante :

Nous demandons aux 2 635 membres du Syndicat de souscrire à eux tous 2 500 parts de *vingt francs* (ce n'est pas une part pour chacun), dont la moitié devra être versée immédiatement, et l'autre moitié dans le délai de six mois ; dans ce but, nous adressons à chacun un bulletin de souscription que nous le prions de remplir et de nous retourner avant le 14 juillet prochain, jour où la souscription du capital de fondation sera close.

Nous sommes sûrs que tous les Membres du Syndicat comprendront l'importance de cette œuvre de solidarité et que chacun fera tous ses efforts pour souscrire un nombre de parts en proportion avec ses moyens. En fixant les parts à vingt francs seulement, nous avons voulu les mettre à la portée de tout le monde, de sorte que le plus modeste cultivateur puisse, aussi bien que le plus fortuné, faire partie de la Société, de même qu'ils pourront, aussi bien l'un que l'autre, profiter de son crédit.

Le capital ainsi formé sera converti en valeurs d'État français, dont les rentes, jusqu'à concurrence de 2.50 pour 100, seront réparties annuellement entre les membres de la Société au prorata de leur souscription.

Il ne sera donc pas improductif, mais il sera déposé en garantie dans la caisse de la Banque, qui escomptera notre papier.

Les dépôts que notre Société pourra recevoir elle-même augmenteront d'autant son fonds de roulement et combleront une partie des vides qu'elle fera par ses avances. Les opérations qu'elle est destinée à faciliter se succéderont naturellement les unes aux autres, et l'argent qui sortira d'un côté sera remplacé par celui qui rentrera de l'autre, comme dans toutes les affaires de ce genre, de sorte que la dette de la Société envers la Banque ne pourra dépasser que fort rarement le capital de garantie.

L'argent que la Société se procurera par cette combinaison lui revenant à très bon marché, elle pourra prêter à un taux aussi bas que possible. La différence entre le taux de la Banque et celui de la Société servira à couvrir les frais généraux et à constituer un fonds de réserve. Les excédents seront répartis à la fin de chaque exercice, non pas entre les porteurs de parts, mais entre les cultivateurs qui auront emprunté à la Société, et au prorata de leurs emprunts.

Vous trouverez ci-joint un projet de statuts de la Société de Crédit mutuel agricole de Chartres. Notre Conseil d'administration s'est constitué comme Conseil d'administration provisoire, en attendant la première réunion générale qui devra élire le Conseil définitif et approuver les statuts.

Veuillez agréer, Monsieur et cher Collègue, l'assurance de notre entier dévouement.

POUR LE CONSEIL D'ADMINISTRATION DU SYNDICAT AGRICOLE DE CHARTRES,

Le Vice-Président,

CH. ÉGASSE.

DICAT AGRICOLE
DE
CHARTRES

N° 2

Chartres, le 25 novembre 1895.

MONSIEUR ET CHER COLLÈGUE,

Avant de constituer définitivement la Société de Crédit mutuel agricole de l'arrondissement de Chartres, le Conseil d'administration de notre Syndicat vient faire un dernier appel à ceux de ses membres qui n'ont pas encore fait parvenir leur souscription.

Nous vous rappelons que, pour faire partie de la Société et profiter de ses avantages, la souscription minimum est de une part, c'est-à-dire 20 francs, dont le versement peut être effectué en deux fois, moitié comptant, moitié dans le délai de 6 mois.

Nous vous rappelons également que le but de la Société est, non seulement d'aider de son crédit ceux de ses membres qui auront recours à elle, mais surtout de leur permettre d'acheter en bloc tous leurs engrais, au comptant, et d'obtenir de cette façon une réduction de prix beaucoup plus considérable. Nous avons donc tous un égal intérêt à ce qu'elle soit constituée solidement et le plus tôt possible.

Il sera présenté dans la huitaine, par l'intermédiaire de la poste, à tous ceux qui n'ont pas encore souscrit, une quittance de souscription pour le premier versement de une part ; une autre sera présentée dans 6 mois pour le deuxième versement. Nous espérons qu'elles trouveront partout bon accueil.

La souscription restera néanmoins ouverte au Secrétariat du Syndicat pour ceux qui voudront prendre un plus grand nombre de parts. Le crédit de la Société devant être proportionné au capital social, il est de toute justice que la participation de chacun soit proportionnée à l'importance de ses affaires.

Nous vous rappelons enfin que le capital de la Société ne sera pas improductif. Il sera converti en valeurs d'État Français dont les rentes, jusqu'à concurrence de 2 fr. 50 0/0, seront réparties annuellement entre les membres participants.

Nous espérons que tous les membres du Syndicat, qui peuvent seuls d'après la loi faire partie de la Société de Crédit, comprendront la portée de cette œuvre de solidarité et feront tous leurs efforts pour la faire réussir. Durant cette longue crise dans laquelle se débat notre Agriculture, il ne faut pas qu'on puisse dire que les cultivateurs ont négligé aucun des moyens qui sont mis à leur portée pour en atténuer les effets.

POUR LE CONSEIL D'ADMINISTRATION DU SYNDICAT,

Le Vice-Président,

CH. ÉGASSE.

RVICE DES PRÊTS

N° 3.

TRAITS DES STATUTS :

Article 15.

ut emprunteur qui affecterait
nds empruntés à un usage autre
elui en vue duquel ce prêt a
onsenti est déchu du bénéfice
erme, obligé de rembourser
diatement la somme à la Société,
clu de la Société.

Article 20.

Conseil règle dans l'intérêt de
ociété tout ce que la loi ou les
ts n'attribuent pas à l'assemblée
rale ; il statue sur l'admission
Sociétaires et peut prononcer
exclusion ; il fixe pour chaque
unteur le maximum des prêts,
ux de l'intérêt et les conditions
des dépôts et détermine l'intérêt
yer, il peut exiger des cautions,
esse ou fait dresser tous les états
tuation, etc.

AVIS

Bureau d'administration se réu-
es 1er et 3e samedis de chaque
pour délibérer sur les affaires
ui sont soumises.
s demandes d'emprunt doivent être
ées au Directeur de l'associa-
CINQ JOURS au moins avant
ts de chaque réunion.
examen de toute demande qui ne
endrait pas dans les délais ci-dessus
remis à la réunion suivante.

r délibération du 19 février 1898,
ureau d'administration a fixé à
fr. au maximum la somme qui
a être prêtée pour chaque part de
. souscrite au Fonds social.

SOCIÉTÉ
DE
CRÉDIT MUTUEL AGRICOLE
DE CHARTRES

Renseignements à fournir pour toute demande d'emprunt.

Nom et prénoms de l'emprunteur

Domicile

Quel est le nombre de parts qu'il a souscrites

Quelle est l'étendue totale de son exploitation

Sur l'étendue des terres qu'il cultive : Combien lui appartiennent

Les bâtiments qu'il occupe lui appartiennent-ils

Quelle est la valeur de son attirail de culture (bestiaux, instruments, etc.)

Ses bâtiments (s'ils lui appartiennent) sont-ils assurés contre l'incendie ?
si oui, à quelle compagnie

Ses récoltes sont-elles assurées contre l'incendie ? si oui, à quelle compagnie

Ses récoltes sont-elles assurées contre la grêle ? si oui, à quelle compagnie

Tournez, s'il vous plaît.

Adresser cette feuille à M. MERCIER, directeur de l'Association, 4, place Saint-Michel, à Chartres.

Ses bestiaux sont-ils assurés contre la mortalité ? si oui, à quelle compagnie _____

Dans quel but cet emprunt est-il fait ? donnez tous renseignements possibles _____

_____

_____

Somme demandée _____

Durée de l'emprunt _____

_____

A _____, le _____ 190___ .

SIGNATURE :

AVIS DU BUREAU D'ADMINISTRATION

_____

_____

_____

_____

_____

_____

_____

_____

_____

_____

SOCIÈTÈ
DE
DIT MUTUEL AGRICOLE
DE CHARTRES

ADMINISTRATION :
place Saint-Michel, 4
CHARTRES

LES BUREAUX SONT OUVERTS :
de 8 h. 1/2 à 11 h. 1/2
: de 1 h. 1/2 à 6 h. 1/2

N° 4

is de réponse, prière de rappeler
ce numéro.

TÉLÉPHONE : 0.43

Chartres, le _____ 190___.

CONFIDENTIELLE

Monsieur,

J'ai l'honneur de vous prier de vouloir bien me donner sur la feuille ci-jointe, quelques renseignements sur M_____

_____

lequel sollicite de la **Société de Crédit mutuel agricole de Chartres** un prêt de _____

pour _____ mois.

Inutile de vous dire que vous pouvez compter sur notre discrétion la plus absolue comme nous espérons pouvoir compter sur la vôtre.

Afin de ne point faire connaître votre nom à qui que ce soit, vous pouvez vous dispenser de signer la feuille de renseignements, et y consigner seulement vos observations.

Veuillez agréer, Monsieur, avec mes remerciements anticipés, l'assurance de mes sentiments les plus dévoués.

Le Directeur de la Société,

Ci-joint timbre-réponse.
Réponse au plus tôt s'il vous plaît.

4

SOCIÉTÉ
DE
ÉDIT MUTUEL AGRICOLE
DE CHARTRES
—
DIRECTION
—
N° 5.

RENSEIGNEMENTS CONFIDENTIELS *sur*

M. ....

....

cultivateur à ....

commune de ....

_____

1° *Quelle est sa moralité?* ....

2° *Comment est-il considéré comme cultivateur?* ....

3° *Passe-t-il pour être bien dans ses affaires?* ....

4° *Quelle peut être la valeur totale de ce qu'il possède (Bâtiments, terres, attirail de culture)?* ....

5° *Peut-on lui accorder un crédit de* .... *pour* .... *mois?*

6° *Renseignements divers pouvant éclairer le Bureau d'administration sur la situation du demandeur* ....

....

....

....

....

....

SOCIÉTÉ
DE
ÉDIT MUTUEL AGRICOLE
DE
CHARTRES

COMPTABILITÉ

N° 6.

DÉCOMPTE
D'EFFET INDIQUÉ CI-CONTRE,

échéance du

, de la facture.. . .
pour mois à 0/0.
(5 c. pour 100 fr.). .
encaissement. . .
correspondance. .

SOMME A VERSER. . .

Chartres, le _____ 190 .

MONSIEUR,

J'ai l'honneur de vous adresser sous ce pli la facture des _____ kgr. de _____ que vous avez demandés et s'élevant à la somme de _____ payable en votre nom le _____ 190 , par la SOCIÉTÉ DE CRÉDIT MUTUEL AGRICOLE DE CHARTRES dont vous faites partie, et conformément à votre demande.

Le paiement de cette somme augmentée des intérêts à ____ o/o l'an et des frais de timbre, de correspondance et d'encaissement s'il y a lieu, aura lieu par vous le _____ 190 , et au moyen de l'effet que vous trouverez sous ce pli.

Veuillez donc, **à cette date**, déposer ou envoyer vos fonds à la CAISSE RÉGIONALE DE CRÉDIT MUTUEL AGRICOLE DE LA BEAUCE ET DU PERCHE, 4, place Saint-Michel, à Chartres. A l'occasion, vous pourriez vous acquitter **avant**, mais jamais **après** le jour indiqué.

Je vous prie de vouloir bien, sur cet effet, écrire le mot **accepté** à l'endroit où j'ai mis le signe $\times$, signer immédiatement au-dessous, et me le retourner **franco** par retour du courrier.

Je vous prie de conserver cette lettre qui témoigne de la sincérité et de la régularité de l'opération ci-dessus.

Veuillez agréez, Monsieur, l'assurance de mes sentiments les plus dévoués.

Le Directeur de la Société,

M _____

II

CAISSE RÉGIONALE

DE

CRÉDIT MUTUEL AGRICOLE

DE LA

BEAUCE ET DU PERCHE

BUREAU D'ADMINISTRATION

DE LA

CAISSE RÉGIONALE DE CRÉDIT MUTUEL AGRICOLE

DE LA BEAUCE ET DU PERCHE

1° *Membres élus :*

Président :   M. Vinet, sénateur, à Garancières-en-Beauce, et à Paris, 12, rue Lamennais.

Secrétaire :   M. Royneau, ♣, propriétaire, 30, rue d'Amilly, à Chartres.

Membres : MM. Pipereau, propriétaire, 11, rue Ferdinand-Dugué, à Chartres.
- Benoist, Ovide, ✳, agriculteur à Gas.
- Guérin, Émile, maire de Challet.
- Macé, Henri, propriétaire au Gord, commune du Coudray.
- Moulin, Jules, propriétaire à Illiers.
- Benoist, Orphée, agriculteur à Theuvy-Achères.
- Thirouin, Ernest, agriculteur à Théléville, commune de Bouglainval.

2° *Membres de droit :*

MM. Égasse, ✳, O. ♣, président du Crédit mutuel agricole de Chartres.
- Dr Mercier, ✳, président du Crédit mutuel agricole de la Bazoche-Gouët.
- De Mare, président du Crédit mutuel agricole d'Évreux.
- Lambert, ♣, président du Crédit mutuel agricole de Dreux.
- Chasles, ♣, président du Crédit mutuel agricole de Châteaudun.
- Clérice, président du Crédit mutuel agricole de Rambouillet.
- Jumeau-Prudhomme, ♣, président du Crédit mutuel agricole de Brou.
- Riverain, ✳, président du Crédit mutuel agricole de Blois.
- Durand, ♣, président du Crédit mutuel agricole de Nogent-le-Rotrou.

Censeurs : MM. Masson, O. ♣, agriculteur à Bessay, commune de Villeau.
- Maudemain, agriculteur à Grouasleu, commune de Digny.

Directeur :   M. Mercier, ♣, 4, place Saint-Michel, à Chartres.

5

département d'Eure-et-Loir, les départements de l'Eure, de Seine-et-Oise, du Loiret, de Loir-et-Cher, de la Sarthe et de l'Orne.

Nous avons décidé de réunir dans ce but tous les Présidents des Syndicats et Sociétés de Crédit mutuel de cette région, le *Samedi 17 Juin, à 2 heures*, au siège social de notre Société, 11, place des Halles à Chartres.

Nous comptons, Monsieur le Président, sur votre dévouement aux intérêts de l'Agriculture pour nous prêter à cette occasion votre précieux concours, ou en cas d'empêchement nous déléguer un représentant autorisé de votre Association.

Vous recevrez par le même courrier un exemplaire des Statuts de la Société projetée.

Veuillez être assez aimable pour nous accuser réception de cette convocation et nous faire savoir si nous devons compter sur votre concours.

Je vous prie d'agréer, Monsieur le Président, l'assurance de mes sentiments de bonne confraternité.

> *Le Président de la Société de Crédit mutuel agricole*
> *de Chartres,*
>
> Ch. ÉGASSE.

Cette réunion eut lieu au jour dit et sous la présidence de M. Égasse. Étaient présents :

MM. VINET, sénateur, président du Syndicat agricole de Chartres, administrateur de la Société de Crédit mutuel :

MASSON, agriculteur à Bessay, vice-président de la Société de Crédit mutuel ;

BENOIST, Orphée, agriculteur à Theuvy-Achères, secrétaire du Crédit mutuel ;

BENOIST, Ovide, agriculteur à Gas, administrateur du Crédit mutuel ;

PIPEREAU, agriculteur à Ermenonville-la-Grande, administrateur du Crédit mutuel ;

ROYNEAU, agriculteur à Aufferville, administrateur du Crédit mutuel :

GUÉRIN, Émile, agriculteur à Challet, administrateur du Crédit mutuel ;

PRÉVOSTEAU, Eugène, agriculteur à Mignières, administrateur du Crédit mutuel ;

GAROLA, professeur départemental d'agriculture à Chartres ;

MARCHON, président du Syndicat agricole d'Étampes ;

LANGLAIS, professeur départemental d'agriculture de l'Orne, représentant le Syndicat agricole d'Alençon ;

DE MARE, représentant le Syndicat agricole d'Évreux ;

BRIÈRE et DUGRIT, représentant le Syndicat agricole du Mans ;

Voisin, Félix, président du Syndicat agricole de Mortagne ;
Dr Mercier, président de la Société du Crédit mutuel agricole de La Bazoche-Gouët ;
Dramard, président du syndicat agricole de Dreux.

M. le Président rappelle à l'Assemblée que la réunion a pour objet l'examen d'un projet de statuts concernant la création à Chartres d'une Caisse régionale de Crédit mutuel conformément à la loi du 31 mars 1899, et embrassant les départements d'Eure-et-Loir, Seine-et-Oise, Loiret, Loir-et-Cher, Sarthe, Orne et Eure.

A l'unanimité, l'Assemblée adopte, sauf de légères modifications, le projet de statuts qui lui est soumis, et elle décide la création à Chartres d'une Caisse régionale de Crédit mutuel agricole au capital de 200 000 francs, formé par 4 000 parts de 5o francs chacune, et devant desservir les sept départements ci-dessus.

Elle désigne, comme administrateurs provisoires les membres du Bureau d'administration de la Société de Crédit mutuel agricole de Chartres.

La souscription est ouverte aussitôt par l'envoi à tous les membres du Syndicat agricole de Chartres de la circulaire suivante :

SOCIÉTÉ
DE
MUTUEL AGRICOLE
DE
CHARTRES

CRÉATION
D'UNE
SE RÉGIONALE

Chartres, le 20 juin 1898.

Monsieur et cher Collègue,

Le Conseil d'administration de notre Société de Crédit mutuel voulant créer à Chartres une Caisse régionale agricole, conformément à la loi du 31 mars 1899, avait convoqué dans ce but les représentants des Sociétés de crédit et des Syndicats agricoles de notre département et des six départements limitrophes.

Cette réunion eut lieu le 17 de ce mois à notre siège social, et les délégués des Syndicats les plus importants de la région s'y trouvèrent réunis.

La création de la Caisse régionale y fut décidée, un projet de statuts approuvé, et notre Conseil d'administration nommé Conseil d'administration provisoire jusqu'à la première réunion générale de la nouvelle Société.

Notre Caisse régionale est organisée dans le but de faciliter les opérations des Sociétés locales présentes et futures. et d'aider surtout à la fondation de Sociétés nouvelles. Elle n'empêchera en aucune façon la création d'autres Caisses régionales dans les sept départements qu'elle embrasse quand la multiplication des Caisses locales en démontrera l'utilité.

La Caisse régionale est créée au capital de 200 000 francs, formé par 4 000 parts de 50 francs.

Ce capital de fondation pouvant être doublé d'après la loi, par l'avance d'une somme égale fournie sans intérêt par l'État, nous croyons pouvoir garantir aux porteurs de parts un intérêt minimum de 3 1/2 pour 100 ; de même que nous pouvons assurer aux Caisses locales l'escompte de leur papier à un taux qui ne dépassera jamais le taux de la Banque de France.

La souscription ouverte dès aujourd'hui a déjà réuni, tant par les capitaux de notre Société de Crédit mutuel et de notre Syndicat, que des engagements de nos membres fondateurs, une somme d'environ 100 000 francs.

Nous vous adressons ci-joint un bulletin de souscription que nous vous prions de nous retourner avant le 15 juillet prochain, dernier délai. La souscription de fondation sera close à ce jour et la réunion générale des souscripteurs pour l'approbation des statuts et l'élection du Conseil d'administration définitif est fixée au 22 du même mois.

Nous n'avons pas besoin d'insister sur les avantages tout particuliers dont jouiront les porteurs de parts de la Caisse régionale. Grâce à la loi nouvelle, c'est pour eux un placement à un taux exceptionnel et absolument de tout repos, car l'expérience déjà acquise des Sociétés de Crédit mutuel qui ont fait leurs preuves, et la surveillance attentive de l'État dont les intérêts sont engagés, offrent la plus grande sécurité.

Cette faveur n'étant accordée par la loi qu'aux membres des Syndicats agricoles, nous espérons que chacun de vous souscrira suivant ses moyens, pour en profiter.

Le quart du capital souscrit devra être versé avant la réunion générale du 22 juillet, pour que la Société puisse être légalement constituée ce jour-là. Les trois autres quarts seront exigibles dans le délai que déterminera le Conseil d'administration.

Veuillez agréer, Monsieur et cher Collègue, l'assurance de mes sentiments de bonne confraternité.

Le Président de la Société de Crédit mutuel agricole de Chartres.

Ch. ÉGASSE.

Pour causes de circonstances particulières, et notamment des travaux de la moisson, la date de convocation de l'Assemblée générale constitutive, qui avait d'abord été fixée au 22 juillet fut remise au 24 août ; dans cette réunion les statuts furent approuvés et votés et le Conseil d'administration nommé.

A cette date, le montant des souscriptions atteignait 112 200 francs.

Toutefois, le quart de cette somme seulement ayant été versé conformément à l'article 8 des statuts, la Société n'ouvrit pas immédiatement ses guichets, et ses opérations ne commencèrent que le 8 février 1900 avec la Caisse locale de Crédit mutuel agricole de Chartres, et ensuite successivement, le 2 avril avec la Caisse locale de Dreux, le 10 avril avec celle d'Évreux, le 28 avril avec celle de Châteaudun, et enfin le 30 juillet avec celle de la Bazoche-Gouët, devenue par la suite Caisse du canton d'Authon-du-Perche.

Leur capital, au 31 décembre atteignait 161 600 francs.

Pendant sa première année, la Caisse régionale de la Beauce et du Perche a escompté la somme de 410 160 fr. 60 se rapportant à 517 effets, savoir :

Caisse de Chartres.	. . .	284 199 fr. 45	pour	372	effets.
— Dreux.	. . . .	54 800 »	—	41	—
— Évreux.	. . . .	49 209 35	—	58	—
— Châteaudun.	. .	28 908 55	—	38	—
— La Bazoche.	. .	3 043 25	—	8	—

Conformément à ses statuts, elle émit des Bons de Caisse et reçut des Dépôts en Compte courant ; le total des Bons émis s'est élevé à 80 400 francs, et celui des Comptes courants à 39 080 fr. 15.

Le 24 août, la Société encaissa la somme de 155 000 francs provenant d'une première avance sur les fonds de la Banque de France.

Voici la situation de la Société au 31 décembre 1900 :

Actif :

Rentes.	. . . .	150 290 fr. 55
Caisse d'épargne.	. . . .	318 75
Portefeuille.	. . . .	239 773 25
Société Générale.	. . . .	24 410 65
En caisse..	. . . .	1 922 50
		416 715 fr. 70

Passif :

Avance de l'État.	. . . .	155 000 fr. »
Capital.	. . . .	161 600 »
Comptes courants.	. . . .	8 180 15
Bons émis.	. . . .	80 400 »
Crédit de Chartres.	. . . . . .	5 697 65
— de Dreux.	. . . .	943 30
— de Châteaudun.	. . . . . .	185 50
— d'Évreux.	. . . .	466 65
— de La Bazoche.	. . . .	19 40
Profits et pertes..	. . . .	4 223 05
		416 715 fr. 70

Pendant l'année 1901, une nouvelle Caisse est venue se joindre aux précédentes ; c'est celle de Rambouillet ; le nombre des Caisses affiliées est donc de six.

Le chiffre des affaires, pendant cet exercice a augmenté de plus de 100 pour 100 ; de 410 160 fr. 60 en 1900, il atteint 822 822 fr. 68 en 1901.

Il a été fait :

Avec le Crédit d'Authon,	26 opérations donnant. .		.	11 231 fr.	65
— de Chartres,	620	—	. .	505 432	58
— de Châteaudun,	92	—	. .	56 661	05
— d'Évreux,	216	—	. .	162 130	60
— de Dreux,	98	—	. .	87 366	80

La Caisse de Rambouillet n'a pas fonctionné.

Comme conséquence de la loi du 25 décembre 1900 qui a modifié celle du 31 mars 1899, en portant les avances à quatre fois le capital versé, la Caisse régionale a encaissé le 15 juillet une seconde avance de 155 000 francs, et le 30 décembre une troisième avance de 310 000 francs, ce qui porte le total de ces avances à 620 000 francs.

Les Bons de Caisse et les Comptes courants ont donné lieu à des opérations importantes qui témoignent hautement de la confiance qu'inspire l'Association.

Le bilan, au 31 décembre, accuse les chiffres suivants :

ACTIF :

Rentes.	219 348 fr.	85
Caisse d'Épargne.	15 168	29
Effets et Portefeuille.	381 786	04
Société Générale.	293 305	80
Caisse.	217	05
	909 826 fr.	03

PASSIF :

Avances de l'État.	620 000 fr.	»
Capital.	166 900	»
Comptes courants.	33 577	50
Bons de Caisse..	70 750	»
Crédit de Chartres..	5 977	79
A reporter.	897 205 fr.	29

Report	897 205	fr. 29
Crédit de Dreux.	1 458	30
— de Châteaudun..	462	70
— d'Évreux.	1 337	10
— d'Authon.	127	07
Profits et pertes..	9 235	57
	909 826	fr. 03

L'année 1902 accuse, dans la marche de la Société, une activité et une progression qu'il était difficile de prévoir.

De 166 900 au 31 décembre 1901, le capital atteignait 268 400 francs au 31 décembre 1902 ;

De 822 822 fr. 68 en 1901, les affaires passaient à 1 624 027 fr. 79 en 1902.

Deux Caisses locales viennent se joindre à celles existant déjà ; ce sont celles de Brou et de Blois ; le nombre des Caisses affiliées est donc de 9 et toutes, à l'exception de celle de Rambouillet, qui n'a pas encore commencé ses opérations, témoignent de la plus grande activité.

Le nombre des opérations s'est élevé à 1 319, soit :

45	avec le crédit	d'Authon	donnant la somme de	29 100 fr.	»
81	—	de Blois	—	605 030	39
109	—	de Brou	—	65 770	65
670	—	de Chartres	—	549 008	70
91	—	de Châteaudun	—	59 650	40
117	—	de Dreux	—	116 365	90
206	—	d'Évreux	—	199 101	75

Les Bons de Caisse et les Comptes courants accusent également une marche ascendante ; au 31 décembre, le solde créditeur de ces services s'élevait à 92 950 francs pour les Bons de Caisse et à 97 857 fr. 20 pour les Comptes courants.

La situation, au 31 décembre, s'établissait ainsi :

ACTIF :

Rentes.	419 688	fr. 85
Caisse d'Épargne.	498	33
Effets et Portefeuille.	970 139	99
Caisse.	901	44
	1 391 228	fr. 61

6

Passif :

Avance de l'État.	620 000 fr.	»
Capital.	268 400	»
Comptes courants.	97 857	20
Bons de Caisse..	92 950	»
Crédit de Chartres..	4 832	85
— de Dreux.	1 523	80
— de Châteaudun..	935	45
— d'Évreux.	2 061	90
— d'Authon.	213	20
— de Brou..	660	80
— de Blois..	2 165	90
Société Générale.	282 378	30
Profits et Pertes.	17 249	21
	1 391 228 fr. 61	

L'année 1903 accuse encore sur ses devancières une augmentation considérable. Au 30 novembre, le total des opérations réalisées atteint **2 647 290** fr. **60**.

La Société n'aurait pu faire face à ses besoins si elle n'avait touché, le 7 janvier, une quatrième avance de 392 200 francs sur les fonds de la Banque de France, ce qui porte à 1 012 200 francs le total des sommes qui lui ont été ainsi confiées.

Par suite de l'encaissement successif de ces avances, l'escompte qui était au début de 3 1/2 o/o a été ramené dès mai 1900 à 3, puis en juillet 1901 à 2 1/2, et enfin, en avril 1902 à 2 o/o, taux actuel.

Ces étapes successives, ces augmentations constantes témoignent hautement en faveur de l'institution des Caisses régionales ; elles prouvent que leur création répondait à un besoin urgent et que leurs services sont avantageusement connus et universellement appréciés.

Des tableaux indiquent du reste la marche progressive et constante des opérations de la Caisse régionale de Crédit mutuel agricole de la Beauce et du Perche.

Le Président de la Caisse régionale
de la Beauce et du Perche,

VINET.

CHARTRES. — IMPRIMERIE DURAND, RUE FULBERT.

www.ingramcontent.com/pod-product-compliance
Lightning Source LLC
Chambersburg PA
CBHW071439200326
41520CB00014B/3755